RECHERCHES EXPÉRIMENTALES

SUR

LA VÉGÉTATION.

PARIS. — IMPRIMERIE DE MALLET-BACHELIER,
rue du Jardinet, 12.

RECHERCHES EXPÉRIMENTALES

SUR

LA VÉGÉTATION

PAR

M. Georges VILLE.

QUEL EST LE ROLE DES NITRATES DANS L'ÉCONOMIE DES PLANTES ?
DE QUELQUES PROCÉDÉS NOUVEAUX POUR DOSER L'AZOTE DES NITRATES,
EN PRÉSENCE DES MATIÈRES ORGANIQUES.

Rapport fait par **M. PELOUZE** à l'Académie des Sciences,

AU NOM D'UNE COMMISSION COMPOSÉE DE MM. PELIGOT, BALARD, PELOUZE.

PARIS,

IMPRIMERIE DE MALLET-BACHELIER,

RUE DU JARDINET, 12.

1856

RAPPORT

Sur un Mémoire de M. Georges VILLE, ayant pour titre :

QUEL EST LE ROLE DES NITRATES DANS L'ÉCONOMIE DES PLANTES ?

De quelques procédés nouveaux pour doser l'azote des nitrates, en présence des matières organiques.

(Commissaires MM. Balard, Peligot, Pelouze rapporteur.)

Le travail dont nous allons avoir l'honneur de rendre compte à l'Académie, se divise, comme l'indique son titre, en deux parties bien distinctes.

Dans la première, l'auteur fait l'historique des travaux relatifs au rôle que les nitrates jouent dans la végétation. Il analyse succinctement les expériences et les observations faites sur ce sujet par MM. Liebig, Kuhlmann, Gilbert et Lawes, Isidore Pierre et Bineau. Il fait ressortir le peu d'accord qui existe entre les vues présentées par ces divers chimistes, et signale une divergence d'opinions, bien naturelle d'ailleurs dans des questions qui ont trait aux phénomènes si complexes et encore si peu étudiés de la végétation.

L'auteur rappelle enfin que dans un paquet cacheté adressé à l'Académie le 13 août 1855, et ouvert le 26 novembre dernier, il avait annoncé les faits suivants :

1°. Les plantes absorbent et décomposent les nitrates,

de façon que l'azote de ces sels devient une partie constitutive du tissu végétal.

2°. A égalité d'azote, le nitrate de potasse agit plus que le sel ammoniac.

Notre honorable confrère M. Boussingault avait déjà signalé (*Comptes rendus de l'Académie des Sciences*, n° 21, 9 novembre 1855) l'influence des nitrates sur le développement de l'organisme végétal et il avait particulièrement donné la démonstration de ce fait important, que le salpêtre agit très-favorablement sur la végétation par suite de son absorption directe, ce qui lui a permis d'expliquer comment certaines eaux exercent sur les prés des effets extrêmement marqués, quoique souvent elles ne renferment que des traces à peine dosables d'ammoniaque; c'est que ces eaux contiennent ordinairement des nitrates, qui concourent, comme l'ammoniaque et même mieux que l'ammoniaque, à la production végétale.

En résumé, comme M. Ville se propose de revenir sur la première partie de son Mémoire, et d'entrer ultérieurement dans des développements qu'il n'a pas encore fait connaître, votre Commission n'aura à s'occuper que des nouvelles méthodes proposées par ce chimiste pour doser les nitrates mêlés à des matières végétales et animales.

C'était là un problème délicat et difficile, que M. Ville, hâtons-nous de le dire, a résolu d'une manière très-satisfaisante.

Lorsque les nitrates sont mêlés avec des sulfates, des phosphates, des chlorures et avec un grand nombre d'autres matières inorganiques, on peut déterminer avec exactitude l'acide nitrique qu'ils renferment, par un procédé fort simple qu'emploient souvent les raffineurs de salpêtre concurremment avec l'ancien procédé, qui consiste à laver le nitre brut avec de l'eau saturée de nitrate de potasse pur.

Cette méthode, dont l'auteur est un des membres de cette Commission, consiste à décomposer les nitrates par un poids connu de fer dissous dans l'acide chlorhydrique. En ajoutant à la liqueur un poids également connu du nitrate qu'il s'agit de doser et portant pendant quelques instants le mélange à l'ébullition, il se dégage du bioxyde d'azote pur, tandis que le fer se peroxyde. Ce métal ayant été employé en excès, on reconnaît facilement ce qu'il en reste à l'état de protoxyde, au moyen d'une dissolution titrée de permanganate de potasse, qui ne cesse de se décolorer qu'au moment même où le fer tout entier a été peroxydé. Le calcul indique le poids de l'acide nitrique qui a concouru à cette peroxydation.

L'épreuve ne laisse, en général, rien à désirer ; mais on comprend que, s'il s'agit de doser les nitrates contenus dans une plante, le procédé dont il s'agit ne puisse plus être employé, car les nitrates sont mêlés alors avec des matières qui colorent les dissolutions de caméléon ou qui décomposent ce sel en le désoxydant.

Cette dernière circonstance met surtout un obstacle à l'extension de ce procédé, car une foule de substances organiques décolorent les dissolutions de permanganate de potasse.

Récemment, M. Schlœsing a eu l'idée de recueillir le bioxyde d'azote provenant de la réaction des nitrates sur le protochlorure de fer, et de convertir le gaz ainsi obtenu, en lui rendant l'oxygène, en acide nitrique, que l'on dose avec du sucrate de chaux titré. Ce chimiste distingué s'est assuré qu'un grand nombre de matières organiques, et principalement celles qui sont les plus répandues dans les végétaux, peuvent se trouver mêlées aux nitrates, sans que ceux-ci apportent un trouble notable à son mode d'analyse.

Parmi ces matières, les unes sont azotées, telles que l'urée, l'amandine, le gluten, l'asparagine, l'indigotine, la gélatine, etc.; les autres ne contiennent pas d'azote. Nous citerons les acides malique, tannique, benzoïque, ulmique, le sucre de canne, l'amidon, la mannite, la gomme arabique, la colophane et l'huile de ricin.

Malgré la présence dans les nitrates des diverses matières que nous venons de citer, M. Schlœsing retrouvait constamment à deux ou trois millièmes près, et quelquefois avec plus d'approximation encore, la quantité de nitrate sur laquelle il opérait dans le but de vérifier l'exactitude de sa méthode.

Pour être juste, on doit donc reporter à M. Schlœsing le mérite d'avoir le premier imaginé une méthode générale pour doser les nitrates mêlés à des matières organiques. Ce chimiste, dans un travail remarquable, a appliqué son procédé à la détermination de l'azote contenu à l'état de nitrate dans les feuilles écôtées et dans les côtes de tabacs de dix-huit provenances différentes. Le procédé de M. Schlœsing a été inséré avec détails dans le tome XL des *Annales de Chimie et de Physique* (n° d'août 1854); depuis cette époque, il ne paraît pas qu'il ait été employé par d'autres chimistes.

Quoi qu'il en soit, celui dont nous allons rendre compte nous paraît d'une exécution plus sûre et plus commode.

Il consiste à convertir en ammoniaque le bioxyde d'azote provenant de l'action des nitrates sur le protochlorure de fer acide. Depuis longtemps M. Kuhlmann avait signalé aux chimistes la grande facilité avec laquelle l'acide azotique et tous les oxydes d'azote peuvent se changer en ammoniaque ; mais personne n'avait songé, avant M. G. Ville, à utiliser cette curieuse transformation pour le dosage des nitrates mêlés à des substances organiques.

La proportion d'ammoniaque déterminée avec un acide titré donne celle de l'acide nitrique même. La réaction conserve la même netteté et le procédé la même exactitude, soit que les nitrates contiennent exclusivement des matières inorganiques, soit qu'ils aient été mêlés à une matière organique telle que du sucre, de l'acide oxalique, de la farine, de l'herbe sèche, une infusion de café, etc. Nous nous sommes assurés que le procédé de M. Ville fonctionne d'une manière satisfaisante en mêlant aux matières que nous venons d'énumérer une certaine quantité de nitrate de potasse pur, dont le poids était inconnu à M. Ville. Toujours ce chimiste nous a rapporté à quelques millièmes près la quantité de salpêtre que nous lui avions remise pour en faire l'analyse.

Son procédé est si exact, qu'il peut être employé concurremment avec celui dont il a été fait mention, pour établir ou contrôler le dosage du salpêtre brut dans les raffineries.

Son exécution prompte et peu coûteuse permettra d'étudier, mieux qu'on ne l'a fait jusqu'ici, la formation de l'acide nitrique sous des influences très-diverses, les proportions de cet acide dans les engrais, les plantes, les eaux de toutes sortes et son rôle dans la végétation.

Nous ne suivrons pas l'auteur dans la description minu-tieuse qu'il a donnée de son procédé. Nous nous bornerons à dire que des divers moyens qu'il a employés pour convertir en ammoniaque le bioxyde d'azote, celui auquel il donne la préférence consiste à décomposer ce gaz dans un tube rempli de chaux sodée, par l'hydrogène sulfuré. La chaux et la soude retiennent l'oxygène du bioxyde d'azote et le soufre de l'hydrogène sulfuré sous la forme de sulfates et des sulfures, tandis que l'azote et l'hydrogène se réunissent pour produire de l'ammoniaque, qui se rend et se condense dans un tube à boule, en partie rempli d'un acide normal. Une demi-heure suffit pour faire une opération, et une disposition ingénieuse des appareils permet de multiplier facilement ces sortes d'analyses.

En résumé, le nouveau mode de dosage des nitrates dont nous venons de rendre un compte sommaire, est très-exact, d'une exécution à la fois prompte et facile. Nous croyons qu'il pourra rendre des services incontestables dans les recherches de chimie appliquée à l'agriculture et à la physiologie végétale.

En conséquence, nous avons l'honneur de demander à l'Académie qu'elle veuille bien remercier M. Georges Ville de son intéressante communication.

Les conclusions de ce Rapport sont adoptées.

QUEL EST LE ROLE DES NITRATES

DANS L'ÉCONOMIE DES PLANTES ?

Mémoire lu à l'Académie des Sciences, le 3 décembre 1855.

PREMIÈRE PARTIE.

I. Le *Compte rendu* de la dernière séance contient le texte d'un paquet cacheté que j'ai eu l'honneur d'adresser à l'Académie le 13 août 1855 (1). Ce dépôt était destiné à prendre date pour les résultats suivants :

1°. Si l'on fait passer un mélange de bioxyde d'azote et d'hydrogène sulfuré dans un tube rempli de chaux sodée, au-dessus de 200 degrés, tout le bioxyde d'azote passe à l'état d'ammoniaque, et on peut fonder sur cette réaction un procédé très-exact pour doser l'azote des nitrates, en présence des matières organiques.

---

(1) *Comptes rendus des séances de l'Académie des Sciences*, tome XLI, page 938. La Note est intitulée : « Note sur un nouveau moyen pour doser l'azote des nitrates, suivi de quelques expériences prouvant que les nitrates sont décomposés par les plantes, et qu'à égalité d'azote le nitrate de potasse agit plus que le sel ammoniac.. »

2°. Les plantes absorbent et décomposent les nitrates de façon que l'azote de ces sels devient une partie constitutive du tissu végétal.

3°. A égalité d'azote, le nitrate de potasse agit sur les plantes plus que le sel ammoniac.

Je reviens aujourd'hui sur le même sujet, mais, au lieu d'une simple Note destinée à prendre date, j'apporte un travail sous sa forme définitive.

II. Depuis quelques années on se préoccupe beaucoup du rôle que les nitrates jouent dans l'économie des plantes. A plusieurs reprises déjà on s'est demandé si les nitrates exercent une influence favorable sur la végétation, et si les bons effets qu'on a retirés de leur emploi en agriculture sont dus à l'azote de l'acide ou aux alcalis de la base; en un mot, si les nitrates agissent comme un engrais azoté ou comme un amendement alcalin. On a répondu fort diversement à ces deux questions.

III. M. Liebig, qui se les est posées un des premiers, pense que la formation spontanée des nitrates est un phénomène sans importance pour la végétation et que ce n'est pas à cette source que les plantes vont puiser l'azote. Bien que l'emploi des nitrates comme engrais ait produit de bons résultats, M. Liebig ne trouve pas dans les faits qu'on invoque une raison suffisante pour les attribuer à l'acide plutôt qu'à la base. Ainsi, pour M. Liebig, le rôle des nitrates est un rôle secondaire, sur le mécanisme duquel on ne sait rien de précis.

IV. Bien éloigné, sur ce point, de l'illustre chimiste de Munich, M. Kuhlmann attribue aux nitrates et à la nitrification un rôle considérable. Dans l'opinion de

M. Kuhlmann, les nitrates, mêlés à une matière organique en voie de décomposition, se décomposent eux-mêmes avec une étonnante facilité. Leur azote passe de l'état d'acide nitrique à celui d'ammoniaque, par une action analogue à celle qui fait passer, dans certaines eaux, le sulfate de chaux à l'état de sulfure de calcium : réduction qui était connue depuis longtemps, mais dont M. Chevreul a remis en lumière la réalité et l'importance.

Ainsi, dans la pensée de M. Kuhlmann, les nitrates employés comme engrais agissent favorablement, parce qu'ils deviennent une source d'ammoniaque pour les plantes ; mais là ne se borne pas leur rôle.

Lorsqu'on répand sur une terre du fumier de ferme, peu à peu ce fumier se décompose, l'azote passe à l'état d'ammoniaque, et cette ammoniaque se divise en deux parts : l'une est absorbée par les plantes et concourt à leur nutrition ; l'autre tend à se dégager dans l'air, et s'y dégagerait en effet, si, parvenue aux couches superficielles du sol, elle ne se changeait en acide nitrique, sous l'influence combinée de la porosité du sol et de la présence de l'oxygène. Plus tard, cet acide nitrique, entraîné par l'eau des pluies dans les couches inférieures du sol, se change de nouveau en ammoniaque, par l'action réductive des matières organiques, en voie de décomposition, qu'il y rencontre.

Ainsi, une terre soumise à une culture régulière est le siége d'un double travail : à la surface, il y a une production permanente et continue de nitrates ; dans les couches inférieures, ces mêmes nitrates repassent à l'état d'ammoniaque. *Dans aucun cas, les nitrates ne sont absorbés en nature par les plantes.*

A l'appui de ces idées sur le rôle des nitrates, M. Kuhl-mann invoque la facilité avec laquelle l'acide nitrique, sous l'influence de l'hydrogène naissant, se change en ammoniaque, et la facilité non moins grande avec laquelle l'ammoniaque, sous des influences oxydantes, peut reprendre la forme d'acide nitrique. Les réactions que M. Kuhl-mann rapporte à cet égard sont intéressantes au plus haut degré ; mais elles se produisent dans des conditions si différentes de celles où la végétation s'accomplit, qu'involontairement on se demande pourquoi, au lieu de toutes ces preuves incidentes et éloignées, l'auteur n'a pas cherché plus simplement à prouver, par une recherche directe, qu'à la surface du sol il y a du nitrate de potasse, que dans les couches inférieures ce sel disparaît, et qu'à sa place on trouve de l'ammoniaque.

V. A une époque plus récente, MM. Gilberts et Lawes en Angleterre, M. Isidore Pierre en France, ont constaté de nouveau les bons effets des nitrates sur les prairies, sans se préoccuper de la cause qui produit ces effets et des questions théoriques qui s'y rattachent.

VI. Enfin, depuis deux ans, M. Bineau, professeur de chimie à la Faculté des sciences de Lyon, s'occupe du même sujet. Les résultats qu'il a obtenus se résument dans les trois propositions suivantes :

1°. L'eau de pluie contient des nitrates. Presque tous les cours d'eau de la vallée du Rhône sont dans le même cas.

2°. Les conferves qui naissent spontanément dans l'eau de pluie, en font disparaître une partie des nitrates.

3°. Lorsqu'un cours d'eau se jette dans un lac envahi par

des plantes aquatiques, on trouve notablement plus de nitrates dans l'eau de la rivière que dans celle du lac.

Pour doser les nitrates dans les eaux, M. Bineau se fonde
sur la coloration que le résidu de la concentration d'un volume invariable d'eau produit lorsqu'on y ajoute un excès
d'acide sulfurique et qu'on verse dans le mélange quelques
gouttes d'une dissolution de sulfate de fer. Une série de flacons dans lesquels on produit la même réaction, à l'aide
de quantités connues de nitrate de potasse, forment une
gamme de comparaison pour traduire en valeurs numéri-
ques les colorations observées dans le premier cas.

Je ne chercherai pas si des indications de cette nature
ont toute la rigueur désirable, et si la présence d'une matière organique dans les eaux qu'on soumet à ce mode d'ex-
périmentation, n'est pas une cause d'erreurs à laquelle il
est impossible de se soustraire par des corrections empi-
riques.

Quelque fondées que puissent être ces critiques, elles
ne sont que des critiques de détail et ne diminuent en rien
l'importance des faits naturels que M. Bineau a observés, et
la gradation ascendante des phénomènes sur lesquels il se
fonde pour attribuer aux nitrates un rôle plus général qu'on
ne l'a fait avant lui.

Mais si les nitrates ont une influence sur la végétation,
comment cette influence s'exerce-t-elle? Les nitrates sont-
ils absorbés en nature? Avant de servir à la nutrition des
plantes, passent-ils à l'état d'ammoniaque? Sur tous ces
points M. Bineau garde le silence, et la question du *modus
agendi* subsiste tout entière.

VII. Pour terminer l'histoire que nous venons de

présenter des travaux dont les nitrates, dans leur rapport avec la végétation, ont été l'objet, il nous reste à parler d'un ordre de faits différents de ceux qui précèdent.

VIII. Il y a un certain nombre de plantes dans la séve desquelles on trouve du nitrate de potasse. Dans le jus de betterave, la quantité de ce sel y est en si grande abondance, que l'industrie trouve son intérêt à en extraire les alcalis. La bourrache, le tabac, le pastel et la pariétaire sont dans le même cas que la betterave, et ces plantes ne sont pas les seules dans lesquelles on trouve des nitrates.

Pour expliquer la présence du nitrate de potasse dans certains végétaux, on est placé dans l'alternative d'en faire remonter l'origine au sol où les plantes l'auraient puisé, ou bien il faut admettre que ce nitrate est un produit de l'activité même du végétal.

Si l'on se décide en faveur de la première supposition, si l'on admet que le nitrate est originaire du sol, il est bien difficile d'expliquer pourquoi le blé qui est semé à côté d'une betterave ne contient pas de nitrate de potasse, et pourquoi la betterave en contient. Comme conséquence de cette opinion, il faudrait alors admettre que certaines plantes décomposent, jusqu'à la dernière molécule, la totalité du nitrate qu'elles absorbent, tandis que, pour d'autres plantes, il y aurait à cette faculté de décomposition une limite qu'elles ne sauraient dépasser. Or rien dans l'état de la science n'autorise une semblable déduction.

En faveur de la seconde opinion, de celle qui voit dans les nitrates un produit de l'activité végétale, on a de très-bonnes raisons à donner. Pourquoi les plantes ne formeraient-elles pas de l'acide nitrique, lorsque nous les voyons former l'acide tartrique, l'acide citrique, l'acide racémique, et surtout l'acide oxalique que sa composition C^2O^3 place à côté de l'acide nitreux Az^2O^3, et que ses puissantes affinités rapprochent à tant d'égards des acides minéraux.

Ainsi deux faits principaux dominent l'état de nos connaissances sur les nitrates dans leur rapport avec la végétation. Le premier, c'est que les nitrates ajoutés au sol activent la végétation, sans que nous puissions dire au juste si les nitrates sont absorbés en nature et servent à la nutrition des plantes, ou si leur utilité réside dans les produits de leur décomposition. Le second fait, c'est qu'il y a des plantes qui contiennent des quantités considérables de nitrates, dont nous ignorons l'origine, car personne jusqu'à présent n'a fourni la preuve que ces nitrates viennent du sol.

Mes recherches ont eu pour objet de résoudre ces deux questions.

Par ce qui précède, on voit que l'étude des nitrates touche aux points les plus difficiles de la physiologie. Avant de commencer ce nouveau travail, j'ai cru devoir chercher une méthode pour doser l'acide nitrique, qui fût assez générale pour s'appliquer à tous les cas que pourrait m'offrir la nature des questions que je voulais traiter, et assez exacte pour donner à mes conclusions toute la rigueur qui fait l'utilité d'un semblable travail.

Du dosage de l'azote des nitrates en présence des matières organiques.

I. Le dosage de l'acide nitrique est une opération délicate, qui a présenté une grande incertitude jusqu'au jour où l'honorable M. Pelouze a publié son beau Mémoire sur l'essai des salpêtres.

Lorsqu'on ajoute du nitrate de potasse à une dissolution acide de protochlorure de fer, si l'on porte le liquide à l'ébullition, une partie du sel de fer passe au maximum d'oxydation ; en même temps, il se dégage un mélange de bioxyde d'azote et d'acide chlorhydrique.

D'un autre côté, lorsqu'on verse une dissolution d'hypermanganate de potasse dans une dissolution de protochlorure de fer, immédiatement l'hypermanganate se décolore et le sel de fer se suroxyde. On reconnaît avec certitude, et à une très-grande approximation près, que la totalité du fer a été suroxydée, lorsque la liqueur prend une nuance rosée, produite par un léger excès d'hypermanganate.

M. Pelouze a tiré le parti le plus heureux de ces deux réactions pour doser l'acide nitrique. En effet, si à une dissolution titrée de protochlorure de fer on ajoute un poids de nitrate de potasse insuffisant pour peroxyder la totalité du fer, au moyen d'une dissolution également titrée d'hypermanganate de potasse, on peut évaluer combien il reste de fer à l'état de protoxyde dans la liqueur. De cette connaissance, on déduit la quantité de fer qui a été peroxydée, et de celui-ci le poids de l'acide nitrique qui a opéré cette peroxydation.

Ce procédé, excellent sous tous les rapports, fournit des indications d'une grande exactitude : malheureusement on ne peut pas l'employer lorsque le nitrate de potasse est accompagné par une substance capable de réduire l'hypermanganate de potasse. Si le nitrate était mêlé à de l'acide oxalique, à du sucre ou à de la gomme, une partie de l'hypermanganate d'essai serait réduite par ces matières, et le dosage serait inexact. Si la liqueur était colorée, le procédé serait encore inapplicable; car il serait impossible d'apercevoir la coloration produite par l'hypermanganate lorsque tout le fer est peroxydé.

Dès l'origine, M. Pelouze avait signalé ces deux cas auxquels son procédé ne peut s'appliquer. Mais, comme toutes les méthodes précises et fondées sur des faits nouveaux, le procédé de M. Pelouze contenait en germe le moyen de lever cette difficulté.

II. Lorsqu'on fait bouillir, avons-nous dit, une dissolution de protochlorure de fer avec du nitrate de potasse, en même temps que les $\frac{3}{5}$ de l'oxygène se portent sur le fer, il se dégage un équivalent de bioxyde d'azote ($Az\,O^2$), mêlé à un excès d'acide chlorhydrique.

En effet :

$$Az\,O^5 + 6\,Fe\,Cl + 3\,H\,Cl = Az\,O^2 + 3\,Fe^2\,Cl^3 + 3\,HO.$$

Plus récemment, M. Schlœsing a eu l'idée de recueillir ce bioxyde d'azote et de régénérer à son aide de l'acide nitrique, dont il estimait ensuite la quantité à l'aide d'une liqueur alcaline titrée. Les avantages que M. Schlœsing trouve à ce changement, c'est de rendre le procédé plus général. Les exemples que M. Schlœsing rapporte dans son Mémoire prouvent en effet qu'on peut doser par ce procédé les nitrates, en présence des matières organiques. Cependant, quelque valeur que puisse avoir le procédé de M. Schlœsing, le nombre des dosages que je prévoyais était trop considérable : il me fallait une méthode plus expéditive.

III. Depuis longtemps, M. Kuhlmann a signalé aux chimistes la facilité avec laquelle l'acide nitrique et tous les oxydes d'azote peuvent se changer en ammoniaque; c'est en déterminant avec soin toutes les conditions d'une réaction de ce genre, que j'ai pu régulariser un procédé dans lequel je dose l'acide nitrique à l'état d'ammoniaque. La présence d'une matière organique n'altère en rien les indications du procédé (1), et, à l'aide des précautions que je vais décrire, son exactitude est si grande, qu'on peut presque doser l'azote des nitrates avec autant d'exactitude que l'azote de l'ammoniaque. Lorsqu'on opère sur de petites quantités de nitrate, les variations qu'on observe oscillent entre $\frac{1}{10}$ à $\frac{3}{10}$ de milligramme. Lorsqu'on opère sur des quantités considérables de nitrate, les erreurs peuvent s'élever jusqu'à $\frac{6}{10}$ de milligramme, rarement elles vont au delà.

Reprenant la réaction fondamentale du nitrate de potasse sur le protochlorure de fer, je me suis demandé ce qui arriverait si l'on faisait passer le bioxyde d'azote qui se dégage, mêlé à un grand excès d'hydrogène, dans un tube rempli d'éponge de platine qu'on chaufferait au rouge. Ce qui arrive, c'est que la totalité du bioxyde d'azote passe à l'état d'ammoniaque, et que l'analyse dure à peu près un quart d'heure. Il n'est pas besoin de dire qu'on absorbe l'ammoniaque à l'aide d'un acide titré; que le nitrate soit mêlé à une matière organique, à de l'acide oxalique, à du sucre, à du tannin, à toute espèce d'infusions végétales, à de l'herbe sèche, à de la farine, etc., etc., la réaction con-

---

(1) Pour la description du mode opératoire, voyez à l'appendice, pages 30 et suivantes.

serve la même netteté et le procédé la même exactitude.

Du reste, on en jugera mieux par les exemples suivants :

	Nitrate empl.	Azote contenu.	Azote obtenu.	Différences.
I.	0,040^{gr}	0,00554^{gr}	0,00555^{gr}	+ 0,00001
II.	0,010	0,00138	0,00143	+ 0,00005
III.	0,040	0,00554	0,00557	+ 0 00003
IV.	0,040	0,00554	0,00572	+ 0,00018

En ajoutant 0^{gr},5o de tannin au dosage V, et 0^{gr},5o d'acide oxalique au dosage VI, on a obtenu :

V.	0,040^{gr}	0,00554^{gr}	0,00548^{gr}	— 0,00006
VI	0,040	0,00554	0,00555	+ 0,00001

Analyses faites par M. Stoëssner.

VIII.	0,010	0,001384	0,00134	0,00004
IX.	0,010	0,001384	0,00125	0,00013

Tant qu'on opère sur de très-petites quantités de nitrate, le procédé fournit des résultats d'une exactitude remarquable. On peut porter sans inconvénient la quantité d'azote du nitrate jusqu'à 8 et 10 milligrammes. Mais au delà de cette limite l'exactitude ne se maintient plus au même degré. On éprouve des pertes qui s'élèvent de plus en plus à mesure qu'on opère sur un poids plus fort de nitrate.

Ce qui fait le grand avantage de ce procédé, c'est qu'il est très-expéditif et que deux petits ballons suffisent pour l'appliquer.

Lorsqu'on opère avec de l'éponge de platine très-poreuse et nouvellement préparée, on peut transformer des quantités considérables de bioxyde d'azote en ammoniaque ; mais après quatre ou cinq opérations l'éponge perd beaucoup de son efficacité, les dosages accusent des pertes de plus en plus fortes. Au contraire, si, dès l'origine, on se sert de l'éponge de platine pour doser de très-petites quantités de nitrate, le même tube peut servir très-longtemps. Pour le dosage des nitrates dans l'eau de pluie et dans les eaux de rivière, le procédé avec l'éponge de platine est excellent : c'est celui auquel j'ai habituellement recours.

Lorsqu'il s'agit de petites quantités de nitrate, le coke lavé à l'acide chlorhydrique et calciné en vases clos, le coke platiné d'après les indications de M. Stenhouse, m'ont donné aussi de bons résultats ; mais je ne m'en suis pas servi assez longtemps pour en conseiller l'usage de préférence à l'éponge de platine. La braise de boulanger est bien moins efficace que le coke. L'éponge de fer est d'un emploi commode et satisfaisant.

IV. Le procédé que je viens de décrire n'est pas le seul à l'aide duquel on puisse doser les nitrates. Si, au lieu de faire réagir le bioxyde d'azote et l'hydrogène sur l'éponge de platine, on fait réagir le bioxyde d'azote et l'hydrogène sulfuré dans un tube rempli de chaux sodée, quelle que soit la quantité de nitrate sur laquelle on opère, le procédé a la même valeur. J'ai pu doser ainsi jusqu'à 100 milligrammes d'azote. Lorsqu'il s'agit de quantités très-faibles de nitrate, je préfère employer l'éponge de platine, parce que le procédé est plus simple et plus expéditif. Cependant, avec l'hydrogène sulfuré, même lorsqu'on opère sur de très-petites quantités de nitrate, on obtient des résultats excellents. Du reste, on jugera mieux de la valeur de la méthode par ses résultats.

Voici donc quelques exemples :

	Nitrate employé.	Azote cont.	Azote obtenu.	Différences.
	gr	gr	gr	
N° 1.	0,251	0,03470	0,03458	— 0,00012
2.	0,201	0,02781	0,02797	+ 0,00016
3.	0,200	0,02770	0.02848	+ 0,00070
4.	0,128	0,01770	0,01747	— 0,00023
5.	0,100	0,01384	0,01387	+ 0,00003

Dosages plus récents.

N° 6.	0,200	0,02770	0,02780	+ 0,00018
7-8.	0,800	0,11070	0,11070	0,00000
9.	0,040	0,00554	0,00555	+ 0,00001
10.	0,020	0,00277	0,00282	+ 0,00005

En ajoutant une matière organique soluble au nitrate. Aux analyses 11 et 12, on a ajouté $0^{gr},50$ d'acide oxalique; aux analyses 13 et 14, on a ajouté $0^{gr},50$ de sucre blanc.

N° 11.	0,2000	0,02770	0,02763	— 0,00007
12.	0,2000	0,02770	0,02790	+ 0,00020
13.	0,2000	0,02770	0,02760	— 0,00010
14.	0,2000	0,02770	0,02740	— 0,00030

En opérant sur de très-petites quantités de nitrate, par M. Stoëssner :

	Nitrate empl.	Azote cont.	Azote obtenu.	Différences.
	gr.	gr.	gr.	
N° 15.	0,0100	0,00138	0,00146	+ 0,00008
16.	0,0100	0,00138	0,00146	+ 0,00008
17.	0,0060	0,00083	0,00100	+ 0,00017
18.	0,0096	0,00136	0,00152	+ 0,00016 [1]

(1) On a titré à dessein ces deux analyses en se plaçant dans des conditions défavorables. La liqueur alcaline était trop concentrée, car $17^{div.},8 = 0^{gr},005625$ d'azote, tandis que pour les analyses antérieures $23^{div.},4 = 0^{gr},005625$ d'azote.

Je rapporterai encore, comme exemple, les quatre résultats suivants : à l'analyse 19, on avait ajouté 2 grammes
de sucre ; à l'analyse 20, 50 grammes d'une forte infusion
de café ; à l'analyse 21, 3 grammes de foin desséché, et à
l'analyse 22, 0^{gr},50 de farine.

	gr	gr	gr	
19.	0,200	0,0277	0,0279	+ 0,0002
20.	0,190	0,0263	0,0268	+ 0,0005
21.	0,200	0,0235	0,0277	+ 0,0003
22.	0,170	0,0236	0,0235	— 0,0001

Les analyses 20, 21 et 22 ont été faites sur des poids de
nitre qui m'étaient inconnus. Les poids étaient pris par
M. Pelouze, et le nitre était mêlé par ce savant lui-même
aux substances que je viens de rapporter.

Par ce qui précède, on voit que lorsqu'on opère sur des
petites quantités de nitre avec l'hydrogène et l'éponge de
platine, les erreurs sont comprises entre $\frac{1}{10}$ et $\frac{3}{10}$ de milligramme d'azote. Elles peuvent s'élever jusqu'à $\frac{6}{10}$ de milligramme lorsqu'on opère avec de l'hydrogène sulfuré. Avec
l'hydrogène sulfuré, que le poids du nitre sur lequel on
opère soit fort ou faible, de 100 milligrammes ou seulement de 10 ou de 2, la limite des variations reste la même.

Dans le second procédé que je viens de décrire, avant de
faire réagir le bioxyde d'azote et l'hydrogène sulfuré, il faut
purger l'appareil de tout l'air qu'il contient. L'hydrogène
est très-commode pour cet usage. J'en dégage même pendant tout le cours de l'opération, afin d'éviter les soubre-
sauts causés par l'ébullition du liquide dans le ballon. Du
reste, comme dans la réaction du bioxydé d'azote et de l'hydrogène sulfuré sur la chaux sodée il ne se produit que de

l'ammoniaque, du sulfure de calcium et du sulfate de chaux, sans aucun autre gaz, le courant d'hydrogène a l'avantage de balayer le tube et de diminuer les chances de perte.

La nécessité d'employer deux gaz différents et de veiller à leur production régulière et continue pourrait faire croire que le procédé est d'une application difficile et laborieuse. Il en serait, en effet, peut-être ainsi si l'on produisait les gaz dans de simples flacons, en ajoutant de temps en temps un peu d'acide pour entretenir le dégagement. Mais, à l'aide d'un nouvel appareil très-simple, qui est une modification de la lampe à hydrogène de Dobereiner, on évite tous ces inconvénients. Lorsque l'appareil est une fois monté, on a sous la main une source de gaz pour un très-grand nombre de dosages. Le gaz se produit au moment des besoins. Si l'on en consomme beaucoup, il s'en produit beaucoup; si l'on en consomme peu, il s'en produit peu; si l'on n'en consomme point, il ne s'en produit point. Enfin, la production s'opère sous une pression forte ou faible, au gré de l'opérateur. Les robinets d'échappement étant ouverts au point convenable, on n'a plus besoin de s'en occuper; le dégagement continue avec toute la régularité d'un écoulement constant (1).

Lorsqu'on possède tout le petit matériel que ces sortes de dosages exigent, une demi-heure suffit amplement pour faire une opération: cinq minutes pour chasser l'air de l'appareil, dix minutes pour la réaction du nitrate sur le sel de fer, cinq minutes pour balayer le tube par un courant hydrogène,

---

(1) Voyez à l'appendice pour la description de l'appareil, page 3o.

et dix minutes pour démonter le tube à boule, en retirer l'acide et en prendre le titre.

V. Enfin, en partant toujours de la réaction du nitrate de potasse sur le protochlorure de fer, on peut encore instituer une méthode différente des deux précédentes pour doser l'azote des nitrates. En effet, on peut réduire le bioxyde d'azote qui se dégage en le faisant passer dans un tube rempli de cuivre métallique; on procède alors comme s'il s'agissait d'un dosage d'azote par le procédé de M. Dumas.

Pour chasser l'air de l'appareil, on emploie l'acide carbonique, dont on maintient un dégagement modéré pendant tout le temps que dure la réaction. Ce procédé, dont je rapporte un exemple, est susceptible d'une précision satisfaisante; mais il est bien moins commode que les deux autres. Pour chasser l'air qui adhère à la surface du cuivre, il faut faire passer pendant très-longtemps un courant d'acide carbonique dans le tube, et malgré cette précaution on est exposé à doser trop haut.

Du reste, non-seulement ce procédé est plus long, moins exact que les deux autres, mais il est encore moins général. En effet, il y a des matières organiques qui se décomposent et produisent un dégagement d'*azote* lorsqu'on les chauffe avec de l'acide nitrique, si cet acide contient des traces d'acide nitreux ou de bioxyde d'azote. L'urée, entre autres, présente cette réaction. Il est évident que la présence d'une matière organique douée de cette propriété troublerait les indications de ce procédé, puisque l'azote qu'elle aurait dégagé se mêlerait à l'azote provenant du nitre. Au contraire, une telle matière serait sans influence sur les deux premiers procédés, parce que l'azote gazeux ne forme pas

d'ammoniaque dans les conditions où le bioxyde d'azote,
lui, au contraire, se change intégralement en cet alcali.

Voici, du reste, l'exemple dont je parlais :

	Azote contenu.	Azote obtenu.	Différ.
0^{gr},040 nitrate employé	0,00554 =	0,00628	+ 0,0007

Ainsi, pour nous résumer et pour conclure, de tout ce
qui précède il me semble résulter nettement :

1°. Qu'avant le 13 août, époque de mon dépôt cacheté,
on ignorait que les nitrates sont absorbés en nature par les
plantes, et que l'azote de ces sels passe directement et sans
changer d'état dans l'intimité et la constitution du tissu végétal.

2°. A l'égard des nitrates contenus dans certaines
plantes, nous ignorons encore si ces sels viennent du sol
ou bien s'ils sont un produit de l'activité végétale.

3°. Enfin, à l'égard du dosage de l'azote des nitrates,
il résulte des procédés que je viens de décrire, qu'on peut
fonder sur la transformation du bioxyde d'azote en ammoniaque une méthode nouvelle d'une grande exactitude
pour doser les nitrates, en présence des matières organiques.

Et maintenant que l'on connaît les procédés dont je me
suis servi pour doser les nitrates, il me reste à parler des
résultats que j'ai obtenus en étudiant l'influence de ces sels
sur la végétation ; ce sera le sujet d'un second Mémoire.

APPENDICE.

Comment faut-il représenter la réaction de l'hydrogène sulfuré sur le bioxyde d'azote ?

Lorsqu'on veut doser l'azote d'un nitrate au moyen de l'hydrogène sulfuré, il faut, avons-nous dit, chasser l'air qui remplit les appareils, au moyen d'un courant d'hydrogène. A l'origine, j'avais cru que l'hydrogène ne servait pas seulement pour balayer le tube, mais qu'il prenait part à la réaction, et, sous l'impression de cette idée, j'avais représenté la réaction par l'équation suivante :

$$\left.\begin{array}{c} 2\,SH \\ H^x \end{array}\right\} + Az\,O^2 + 2\,Ca\,O = Az\,H^3 + SO^3\,Ca\,O + S\,Ca + H^{x-1}.$$

Dans cette supposition, 2 équivalents d'hydrogène à l'état naissant, fournis par l'hydrogène sulfuré, en se combinant avec 1 équivalent d'azote auraient formé le groupe $Az\,H^2$, et c'est par une action consécutive que celui-ci, en se combinant avec un troisième équivalent d'hydrogène à l'état ordinaire, aurait formé de l'ammoniaque. Si les choses se passaient ainsi, la chimie moléculaire y aurait gagné un fait intéressant. Alors, en effet, on aurait eu l'exemple de deux corps simples (l'hydrogène et l'azote), qui ne peuvent, dans les conditions où l'expérience précédente s'accomplit, se combiner qu'à la condition expresse d'être tous les deux à l'état naissant, tandis que le groupe $Az\,H^2$ pourrait se combiner avec un troisième équivalent d'hydrogène pour former de l'ammoniaque, sans exiger que ce troisième équivalent d'hydrogène fût lui-même à l'état naissant. Ceci reviendrait à dire, d'une manière plus générale, que l'hydrogène et l'azote pourraient former une première combinaison ($Az\,H^2$) dont l'affinité pour l'un de ses constituants (H) serait supérieure à celle de son propre radical (Az) pour le même gaz.

Afin de m'éclairer sur ce point, j'ai repris l'expérience en remplaçant le courant d'hydrogène par un courant d'azote. Dans ces nouvelles conditions, la réaction a conservé toute sa netteté primitive. Tout le bioxyde d'azote s'est converti en ammoniaque, et par là j'ai acquis la certude que l'équation suivante exprimait la réaction :

$$3\,HS + Az\,O^2 + 2\,CaO = Az\,H^3 + SO^3\,CaO + S^2\,Ca$$
$$\text{ou } S\,Ca + S,$$

et que l'autre interprétation était mal fondée. C'est aux doutes que ma première manière de voir avait fait naître dans l'esprit de M. Chevreul et à l'insistance bienveillante de cet illustre savant, que je dois d'avoir rectifié mon opinion à cet égard.

L'air est-il un mélange ou une combinaison ?

La composition à peu près constante de l'air a fait croire pendant longtemps à quelques chimistes que l'air était une véritable combinaison. Il est vrai qu'aujourd'hui cette opinion est à peu près abandonnée. Elle est, en effet, en opposition avec la loi des volumes en vertu de laquelle nous savons que les gaz se combinent toujours dans un rapport simple. Entre l'oxygène et l'azote de l'air, on ne retrouve pas cette simplicité de rapports, puisque l'un y entre pour $\frac{1}{5}$ et l'autre pour $\frac{4}{5}$ de son volume.

Un autre argument en faveur de l'opinion que l'air est un simple mélange, nous est fourni par la composition de l'air qui est dissous dans l'eau. Cet air présente, en effet, la composition théorique que lui assignent les coefficients de solubilité de l'oxygène et de l'azote.

A toutes ces raisons, on pourra désormais ajouter une preuve plus directe. Le protoxyde d'azote, le bioxyde d'azote, mêlés à de l'hydrogène sulfuré, se changent en ammoniaque, lorsqu'on les fait réagir sur la chaux sodée; n'est-il pas évident que si l'air était une combinaison, un mélange d'air et d'hydrogène sulfuré, traité de la même manière, devrait produire aussi de l'ammoniaque? J'en ai fait bien souvent l'expérience. Elle m'a toujours donné des résultats négatifs. J'avoue que dans toutes ces tentatives, je me préoccupais bien moins de la composition de l'air que de trouver un moyen nouveau pour produire l'ammoniaque au moyen de l'azote atmosphérique.

Description des appareils et des procédés. — *Dosage de l'azote des nitrates au moyen de l'hydrogène et de l'éponge de platine.*

L'appareil est très-simple. Il se compose essentiellement de trois parties : 1° un tube à combustion; 2° deux petits ballons; 3° un appareil pour produire l'hydrogène.

Tube à combustion. — Il doit avoir de 60 à 70 centimètres de long. On l'effile par un bout, de manière à ce qu'il se termine par un orifice de la grosseur d'un tuyau de plume, *fig.* 1. En A on introduit un tampon d'asbeste

Fig. 1.

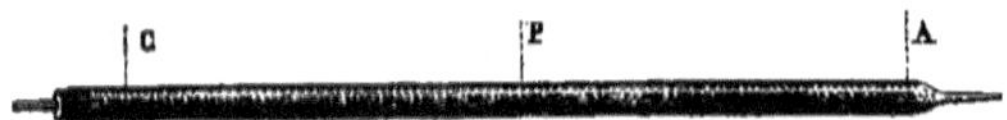

calciné. Dans toute la partie P on remplit le tube avec de l'éponge de platine en fragments gros comme des pois. En C on met de la chaux sodée, et on termine le tube par un nouveau tampon d'asbeste. La couche de chaux sodée est destinée à arrêter l'acide chlorhydrique qui pourrait passer dans le tube et se combiner avec une partie de l'ammoniaque.

Ballons. — Les ballons doivent avoir de 150 à 250 centimètres cubes de capacité. Dans le ballon B, *fig.* 2, on introduit 100 ou 150 grammes d'une dissolution saturée de protochlorure de fer, à laquelle on ajoute 3 à 4 grammes d'acide chlorhydrique concentré. On ajoute à cette dissolution le nitrate.

On munit ce ballon d'un bouchon qui porte deux tubes T et T'. T plonge dans la dissolution de protochlorure de fr; il est destiné à donner accès au courant d'hydrogène. T', recourbé deux fois à angle droit, met le ballon B en communication avec le ballon B'. Enfin le tube T″ met le ballon B' en communication avec le tube à combustion. Le bal-

Fig. 2.

lon B′ contient 200 à 300 grammes de mercure destiné à lui servir de lest. Au-dessus du mercure, on met 20 à 30 grammes d'une dissolution concentrée de potasse caustique, pour arrêter l'acide chlorhydrique qui accompagne le bioxyde d'azote. Le ballon B′ plonge dans un vase à précipité qui est rempli d'eau froide, pour condenser la vapeur qui se dégage du ballon B, et l'empêcher de passer dans le tube à combustion.

Tout étant ainsi préparé, on fait passer dans l'appareil un courant d'hydrogène pour chasser l'air. En même temps, on entoure le tube à combustion de charbons allumés. A l'extrémité du tube à combustion, il se dépose des gouttes d'eau. On favorise leur évaporation en approchant du tube un charbon allumé. Enfin, lorsqu'elles sont dissipées, on adapte au tube à combustion le tube à boules qui contient 10 centimètres cubes d'un acide sulfurique titré. On maintient le dégagement d'hydrogène pendant quatre à cinq minutes encore. Alors on chauffe le ballon B, au moyen d'une lampe à esprit-de-vin. On accélère un peu le courant de l'hydrogène. On maintient l'ébullition du ballon pendant dix minutes, après quoi l'analyse est finie. Il ne reste plus qu'à reprendre le titre de l'acide qui est dans le tube à boule.

Dès qu'on commence à chauffer le ballon B, la liqueur se colore. Il est très-avantageux d'employer un grand excès de protochlorure de fer. Même lorsqu'il s'agit de doser seulement $0^{gr},001$ d'azote, j'ai l'habitude d'employer au moins 100 grammes de dissolution de protochlorure de fer. Pris dans son ensemble, l'appareil est représenté sur la *fig*. 1. Mais, pour bien en comprendre le jeu, il

me reste à décrire l'appareil G, qui sert à produire l'hydrogène.

Nouvel appareil, dit gazogène, *pour produire l'hydrogène,*
l'hydrogène sulfuré, l'acide carbonique, etc., etc.

Cet appareil n'est qu'une variante de la lampe à gaz de
Dobereiner. C'est toujours une cloche qui plonge dans un
vase cylindrique de verre. A-t-on besoin de gaz, le liquide
acide L, *fig.* 3, vient attaquer le zinc en z, et le gaz se
dégage en R. N'a-t-on plus besoin de gaz, l'hydrogène qui
se produit presse sur le liquide en z et le fait refluer entre
l'espace E, qui sépare la cloche et le vase cylindrique.

Je dis que mon appareil diffère de la lampe de Dobereiner. En effet, au moyen d'une rondelle de caoutchouc,
placée sous la platine de fonte supérieure, on ferme com-
plétement le vase cylindrique extérieur. Il en résulte que
si l'on ferme le robinet R' lorsque le liquide est reflué
en E, l'air fait ressort et tend à repousser l'acide sur le zinc

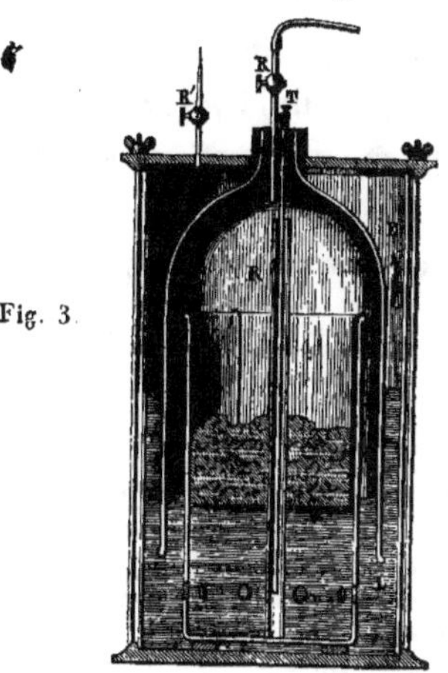

Fig. 3.

lorsqu'on donne issue au gaz par le robinet R. Le résultat de cette disposition, c'est de produire le gaz sous pression. Veut-on changer le liquide acide qui produit le gaz? Pour cela il n'est pas nécessaire de démonter l'appareil, il suffit d'ouvrir les deux robinets R et R, de déboucher le tube T, et d'y adapter un tube de caoutchouc assez long pour fonctionner comme la plus longue branche d'un siphon; alors on ferme les robinets R, R', la pression du gaz amorce le siphon; on ouvre les deux robinets, et toute la liqueur s'écoule.

Cet appareil est extrêmement commode (1).

Du dosage de l'azote des nitrates au moyen de l'hydrogène sulfuré et de la chaux sodée.

L'appareil ne diffère pas essentiellement du précédent, si ce n'est par le tube de combustion qui est rempli de chaux sodée, et par l'appareil additionnel G' qui sert au dégagement de l'hydrogène sulfuré. Pris dans son ensemble, je le représente, *fig.* 2 :

T, tube rempli de chaux sodée (2) ;

G, appareil qui produit l'hydrogène ;

G', appareil qui produit l'hydrogène sulfuré ;

B, B', les deux ballons ;

V, vase plein d'eau dans lequel on plonge le ballon B'.

B porte deux tubes T et T' : T, par où l'hydrogène arrive; il plonge dans le protochlorure de fer; T', qui met le ballon B en communication avec B'. Le ballon B', *fig.* 4, porte trois

---

(1) J'ai construit un autre modèle du même appareil plus simple et moins cher que le précédent. J'en publierai la description dans un prochain cahier.

(2) Dans le dessin on représente le tube à combustion entouré de clinquant; c'est par erreur : il vaut mieux laisser le tube sans enveloppe pour suivre le travail de l'hydrogène sulfuré.

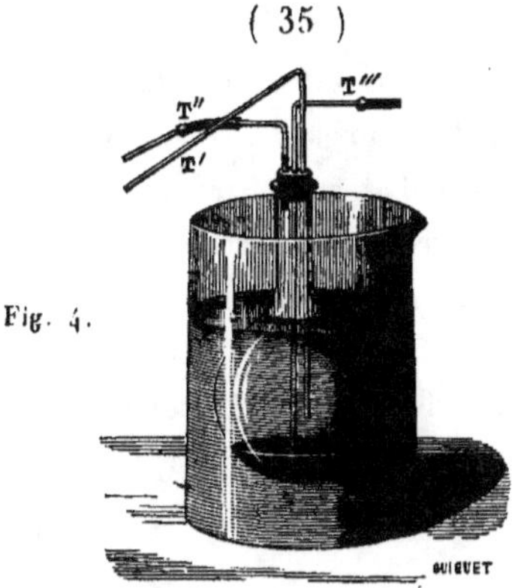

Fig. 4.

tubes : T′, qui amène le mélange d'hydrogène et de bioxyde d'azote ; T‴, qui amène l'hydrogène sulfuré, et T″, qui met en communication le ballon B′ avec le tube à combustion.

Le mode opératoire est à peu près le même qu'avec l'hydrogène et l'éponge de platine.

Tout étant prêt, le protochlorure de fer et le nitrate étant introduits dans le ballon B, on entoure le tube à combustion de charbons allumés et on fait passer un courant d'hydrogène dans tout l'appareil. Il sort du tube beaucoup de vapeur d'eau. Lorsque cette production de vapeur a cessé, on adapte au tube à combustion un tube à boule qui contient l'acide titré. On continue le dégagement d'hydrogène; mais on le ralentit. On ne laisse plus passer que bulle à bulle. On commence à chauffer le ballon B. D'un autre côté, on commence à dégager l'hydrogène sulfuré, de manière à ce qu'il y ait 3 à 4 centimètres de chaux sodée attaquée lorsque le liquide commence à bouillir dans le ballon B. A ce moment, on règle le robinet de l'hydrogène sulfuré de manière à ce que les bulles se succèdent assez vite pour former un courant continu de gaz, et on laisse aller les

3.

choses. Il faut toujours faire en sorte qu'il y ait au moins
15 centimètres de chaux sodée intacte en avant du tube à
boules lorsque l'analyse est terminée. Après dix minutes
d'ébullition, on arrête le dégagement de l'hydrogène sulfuré. On laisse passer l'hydrogène pendant quatre à cinq
minutes encore, et puis tout est fini.

Lorsqu'on possède tout le petit matériel que ces sortes de
dosages exigent, il faut moins de temps pour faire une analyse que pour décrire le procédé.

De quelques précautions de détails qu'il faut prendre,
suivant la matière qui accompagne les nitrates.

Si le nitrate est accompagné par une petite quantité de
matière organique soluble, comme cela se présente dans
une infusion végétale, il n'y a aucune précaution spéciale;
les indications générales que j'ai données suffisent. Si la
quantité de matière organique est considérable, comme cela
se présente dans la mélasse, il faut employer beaucoup de
dissolution de protochlorure de fer; il faut en porter la
quantité à 3oo ou 4oo grammes. Si la matière organique
mousse, il faut employer beaucoup de dissolution de protochlorure et ajouter un morceau de beurre dans le ballon B.
On sait que les corps gras empêchent l'écume de se former.
Le beurre m'a toujours réussi. Si le nitre était associé à
3 ou 4 grammes de matière sèche, insoluble, à de l'herbe
par exemple, l'emploi du beurre serait de toute nécessité.
Lorsqu'il s'agit de doser le nitre qu'une plante contient, je
réduis celle-ci en poudre, j'en prends 1o à 1oo grammes, je
l'épuise par l'eau bouillante, je concentre l'infusion, et
j'opère comme à l'ordinaire. Pour doser le nitre dans la

terre, je procède de la même manière : j'épuise par l'eau
bouillante, je concentre la liqueur, et j'opère comme avec
une infusion végétale.

Préparation de la dissolution de protochlorure de fer.

On prend une capsule de porcelaine de 4 à 5 litres de capacité; on y met environ 1 kilogramme de pointes de Paris,
et on verse dessus de l'acide chlorhydrique ordinaire jusqu'à ce que le liquide surnage d'environ 4 à 5 centimètres.
On met alors la capsule sur le feu. L'action de l'acide se produit bientôt avec une grande énergie. Le liquide monte, on
retire la capsule du feu, on attend que l'action se modère;
puis on remet sur le feu et on fait bouillir jusqu'à ce qu'on
aperçoive une pellicule de cristaux à la surface du liquide.
Alors, avec une spatule de porcelaine, on écume la surface
du liquide, puis on le décante dans une autre capsule, où
il ne tarde pas à se prendre en masse. Les cristaux, redis-
sous dans leur poids d'eau, forment ma dissolution usuelle
de protochlorure de fer.

Quant au fer qui reste comme résidu de la première
opération, on verse encore dessus de l'acide chlorhydrique,
et on procède comme la première fois. J'ai l'habitude de
mêler le résidu de la seconde attaque avec le fer d'une nouvelle opération.

———————

Arrivé au terme de ce travail, je me fais un devoir de
remercier M. Stoëssner du zèle et de l'intelligence avec lesquels il m'a secondé dans tout le cours de ces recherches,
pour l'exécution desquelles son habileté dans les expériences de précision m'a été du plus utile secours.

TEXTE

DE LA NOTE DÉPOSÉE SOUS PLI CACHETÉ A L'ACADÉMIE DES SCIENCES LE 13 AOUT 1855, PAR M. GEORGES VILLE, ET OUVERTE, SUR SA DEMANDE, EN SÉANCE PUBLIQUE LE 26 NOVEMBRE.

Note sur un nouveau moyen pour doser l'azote des nitrates, suivie de quelques expériences prouvant que le nitrate de potasse est décomposé par les plantes, et qu'à égalité d'azote le nitrate de potasse agit plus que le sel ammoniac (1).

Aujourd'hui, mon but n'étant pas d'écrire un Mémoire, mais simplement de prendre date pour quelques faits nouveaux que je crois importants, je réserve pour le moment où ces études seront publiées sous leur forme définitive le soin de présenter l'état de la science sur les questions que je traite et le soin de faire connaître l'étendue des secours que j'ai puisés dans les travaux des savants qui m'ont précédé dans la voie où je suis entré.

PREMIÈRE PARTIE. — *Dosage de l'azote des nitrates.*

Ce nouveau procédé est fondé sur la propriété que le bioxyde d'azote possède de se changer en ammoniaque

---

(1) *Comptes rendus des séances de l'Académie des Sciences*, tome XLI, pages 938 et suivantes.

lorsqu'on le fait passer à une température voisine du rouge, dans un tube rempli de chaux sodée, mélangé avec un excès d'hydrogène et d'hydrogène sulfuré. Dans ces conditions, le bioxyde d'azote se change en ammoniaque, et la réaction est si nette, si complète, qu'on peut s'en servir avec le plus grand avantage pour doser l'azote des nitrates. Pour cela, il suffit de faire passer le mélange d'hydrogène et d'ammoniaque dans un tube à boule qui contient de l'acide sulfurique titré. Le dosage de l'azote des nitrates rentre ainsi dans les procédés si avantageux de la méthode des volumes.

L'équation suivante exprime la réaction :

$$\left.\begin{array}{l} A\ O^2 \\ 2\,H\ S \\ H^x \end{array}\right\} + 2\,Ca\,O = Az\,H^3 + S\,Ca + SO^3\,Ca\,O + H^{x-1}.$$

Les expériences suivantes peuvent servir pour juger du mérite du procédé sous le rapport de la précision.

	Nitrate employé.	Azote obtenu.	Azote employé.	Différence.
	gr	gr	gr	gr
1°.	0,251	0,0347	0,0347	— 0,0000 (*)
2°.	0,147	0,0210	0,0203	— 0,0007
3°.	0,067	0,0090	0,0092	+ 0,0002
4°.	0,201	0,0278	0,0279	+ 0,0001
5°.	0,244	0,0338	0,0345	+ 0,0007

Pour changer l'acide nitrique du nitrate de potasse en bioxyde d'azote, on se sert d'une dissolution de protochlorure de fer dans laquelle on le verse et qu'on porte ensuite à l'ébullition.

(*) J'ai écrit à M. de Senarmont, le 27 ou le 28 juillet, pour lui communiquer ce résultat. Depuis cette époque, j'ai fait connaître à M. Chevreul, à M. Regnault et à M. Payen le principe du procédé.

Le mode d'opérer est d'ailleurs très-simple. Voici, en détail, comment on procède. On prend un petit ballon de 200 centimètres cubes de capacité, on le munit d'un bouchon qui porte deux tubes; on remplit ce ballon à moitié avec une dissolution de protochlorure de fer qui doit contenir un excès d'acide, puis on ajoute la dissolution de nitrate. Ce ballon communique, par l'un de ses tubes, avec un flacon où l'on produit de l'hydrogène; par l'autre tube avec un flacon A qui communique lui-même avec le tube à la chaux sodée et dans lequel le mélange de bioxyde d'azote et d'hydrogène doit se mêler avec l'hydrogène sulfuré, qui arrive d'un appareil spécial avant d'entrer dans le tube. Dans ce flacon, les tubes qui amènent les gaz doivent plonger dans le mercure, pour qu'on puisse se rendre compte des quantités d'hydrogène (mêlé au bioxyde d'azote) et d'hydrogène sulfuré qui arrivent chacun de son côté.

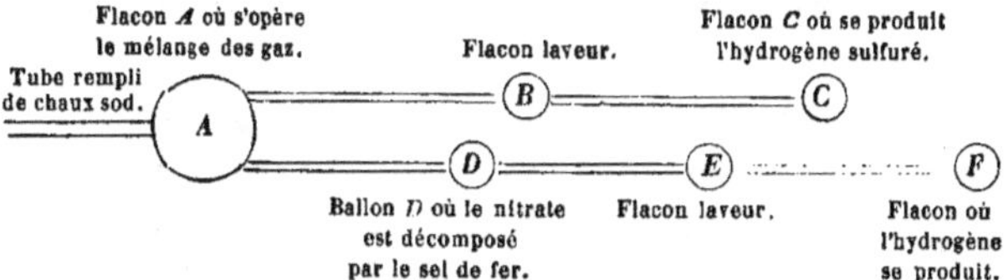

L'appareil étant monté, on fait passer un courant d'hydrogène, pendant huit à dix minutes, pour chasser l'air, puis on chauffe le tube qui contient la chaux sodée et on fait arriver quelques bulles d'hydrogène sulfuré. A ce moment, on chauffe le ballon D, qui contient la dissolution de fer, on porte rapidement à l'ébullition. Pendant tout le temps que dure l'ébullition, on fait passer dans le ballon un courant d'hydrogène. On règle la production de ce gaz de manière à ce qu'il arrive dans le flacon A trois ou quatre fois plus d'hydrogène sulfuré. La réaction est achevée après dix minutes d'ébullition. Pour arrêter dans le flacon A toute l'eau qui distille, on met quelques morceaux de chlorure de calcium.

Si l'on voulait avoir un indice autre que la durée de l'ébullition, il suffirait d'ajouter au liquide du ballon B environ 20 grammes de mercure. Dès que le liquide entre en ébullition, la dissolution de fer, qui était verte, devient brune; mais, par une réaction consécutive, le mercure réduit le perchlorure de fer qui s'est formé et la liqueur redevient verte.

DEUXIÈME PARTIE. — *Décomposition du nitrate de potasse par les plantes. Assimilation de l'azote du nitrate.*

Le 20 mars de cette année, on a préparé huit pots avec

	gr
Brique calcinée.	578,000
Sable blanc calciné.	900,000
Sulfate de chaux.	0,056
Phosphate de chaux monobasique. . . .	0,309
Phosphate de magnésie cristallisé.	0,698
Phosphate de potasse.	0,677
Chlorure de sodium.	0,011
Silicate de potasse.	2,000
Silicate de soude.	0,250
P. O. de fer hydraté	0,271

On a divisé ces huit pots en quatre séries de deux cha-

(43)

cune, les pots de chaque série étant désignés par les lettres A, A', B, B', C, C', D, D', E, E'.

Dans les pots A, A', on n'a rien ajouté aux mélanges indiqués plus haut.

Dans les pots B, B', on a ajouté $4^{gr},015$ de semence de lupin, qui contenait $0^{gr},238$ d'azote.

Dans les pots C, C', on a ajouté $1^{gr},72$ de nitrate de potasse, contenant aussi $0^{gr},238$ d'azote.

Dans les pots D, D', on a ajouté $0^{gr},908$ de sel ammoniac, contenant $0^{gr},238$ d'azote.

Enfin, dans les pots E, E', on a ajouté $0^{gr},68$ de nitrate d'ammoniaque, contenant encore $0^{gr},238$ d'azote.

Le 20 mars, on a semé dans chaque pot 20 grains d'un gros blé poulard blanc. Dès le commencement de l'expérience, les pots qui contenaient le nitrate de potasse ont pris un avantage marqué sur tous les autres. Entre les pots où il n'y avait que du sable et les pots où il y avait du nitrate de potasse, la comparaison n'était pas possible. Aujourd'hui, 14 août, les blés sont en épis, et les pots C, C', qui contiennent le nitrate de potasse, présentent une végétation beaucoup plus belle que tous les autres, qui ont reçu néanmoins la même quantité d'azote.

Dès que ce résultat a commencé à se produire, j'ai senti qu'il y avait là un phénomène important à éclaircir. Sans attendre la fin de l'expérience, qui devait durer encore plusieurs mois et qui, à l'heure qu'il est, n'est pas achevée, j'ai institué la nouvelle expérience suivante, en vue de savoir plus tôt si le nitrate de potasse était décomposé et si l'azote de ce nitrate était assimilé par la plante.

Le 25 juin, j'ai mis dans une petite terrine : fragments

de brique calcinée 400 grammes, sable calciné 600 grammes, cendre de cresson 3 grammes; puis, dans cette terrine, j'ai semé 60 graines de cresson contenant $0^{gr},004$ d'azote, et j'ai répandu à la surface du sable, nitrate de potasse $0^{gr},2$. Ce pot a donc reçu, en azote,

$$
\begin{array}{lr}
\text{Par la semence......} & 0^{gr},004 \\
\text{Par le nitrate.......} & 0^{gr},027 \\
\hline
& 0^{gr},031
\end{array}
$$

Les graines ont bien germé; la végétation a suivi son cours ordinaire; les plantes étaient très-belles. J'ai fait la récolte le 20 juillet. La récolte pesait, verte, 10 grammes; séchée à l'étuve et brûlée par la chaux sodée, elle a donné $0^{gr},028$ d'azote.

Le sable du pot a été lavé avec le plus grand soin; le liquide, concentré et essayé, n'a pas donné le plus faible indice de nitrate.

Devant ce résultat, je tire de cette expérience la conclusion que le nitrate de potasse a été décomposé par la plante, et que l'azote de ce nitrate changeant d'état est entré dans la composition intime du tissu de la plante.

Depuis cette époque, j'ai institué plusieurs séries d'expériences, en vue d'approfondir cette décomposition; et, dans toutes les expériences où les plantes recevaient du nitrate de potasse et du sel ammoniac, toujours la végétation a été plus prospère avec le nitrate de potasse, bien que dans les deux cas il y eût la même quantité d'azote. J'ai en ce moment six pots de colzas, semés le 13 juillet : dans les pots qui ont reçu le nitrate de potasse, les plantes sont plus grandes et plus belles que dans ceux qui ont reçu du sel ammoniac. Toutes ces végétations, les blés, le cresson et les colzas, sont obtenues dans une serre.

Quelques personnes, tenant pour vrais les résultats de mes premières expériences, pensent que l'azote, dont j'ai toujours constaté la fixation par les plantes, vient du nitrate de potasse qui se serait formé dans le sable qui servait à la végétation. Dans cette opinion, l'oxydation de l'azote de l'air serait la condition obligée de son assimilation par les plantes.

Sans vouloir, pour le moment, m'expliquer là-dessus, je dois avouer néanmoins que toutes les tentatives que j'ai faites pour m'éclairer sur cette interprétation des phénomènes, ne lui ont pas été favorables.

Après-demain mercredi, je commencerai une nouvelle série d'expériences pour décider ce point. J'attends leur résultat pour me prononcer; mais, je le répète, ce que j'ai fait toute cette année n'est pas favorable à l'idée qu'il se formerait du nitre, et que ce nitre serait la source de l'azote dont on constate la fixation lorsqu'on cultive des plantes dans un sol de sable convenablement préparé.

———

Mon Mémoire sur le rôle des nitrates a été l'objet des remarques suivantes dans le numéro des *Annales de Chimie et de Physique* où il a paru (*voyez* le cahier de mars 1856).

M. Boussingault a lu son Mémoire sur l'action du salpêtre sur la végétation dans la séance du 19 novembre 1855. Cette lecture établit la priorité. Voici , au reste, ce que disait Arago, dans un Rapport fait à l'Académie le 31 mai 1852.

« Il ne sera pas superflu de faire remarquer, au moment où les paquets
» cachetés ont pris tant de faveur que nos archives en seront bientôt en-
» combrées, que ce moyen de s'assurer la priorité d'une découverte n'est
» nullement satisfaisant, qu'en thèse générale la priorité appartient incon-
» testablement à celui qui le premier a livré ses observations au public.
» C'est un principe qu'admettent tous ceux qui font autorité en matière
» de sciences, comme l'a prouvé une discussion récente provoquée par l'il-
» lustre doyen de notre Académie (M. Biot). Ne voit-on pas le danger qu'il
» y aurait sans cela à transformer en découvertes achevées quelques vagues
» aperçus donnés sous forme d'aphorismes et sans démonstration, lorsque
» la démonstration constitue souvent le vrai mérite d'un travail ? Il importe
» dans l'intérêt des sciences de ne pas décourager les esprits laborieux et
» sévères, qui ne négligent rien pour imprimer à leurs œuvres le cachet
» de la certitude. » (*Note de la Rédaction*

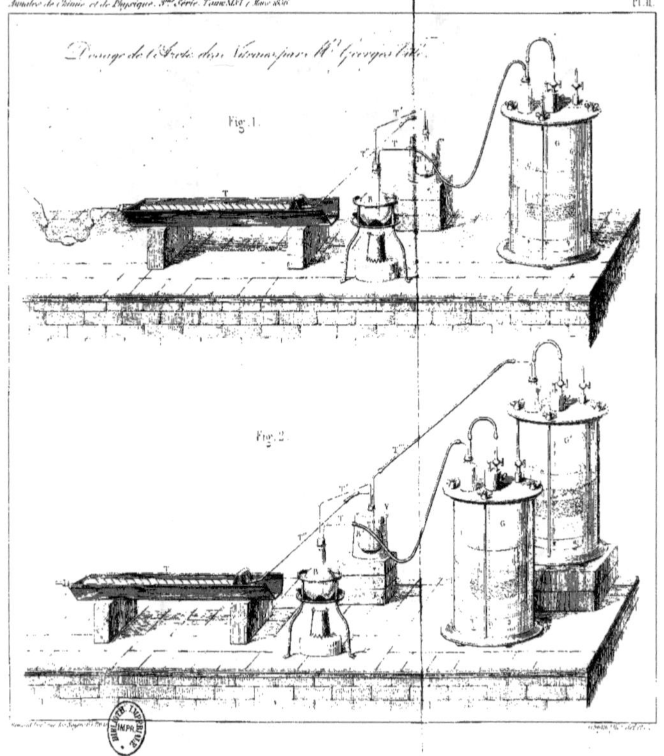
Dosage de l'Acide des Vénéaux par M. Georges Ville.
Fig. 1.
Fig. 2.

PARIS. — IMPRIMERIE DE MALLET-BACHELIER,
RUE DU JARDINET, 12.